U0464531

软装色彩与图案搭配

DECORATION
DESIGN

李江军 编

中国电力出版社
CHINA ELECTRIC POWER PRESS

内容提要

本系列图书分为《软装风格解析与速查》《软装色彩与图案搭配》《软装家具与布艺搭配》《软装配饰选择与运用》四册，图文结合，通俗易懂。在软装设计中，色彩是最为重要的环节，色彩不仅使人产生冷暖、轻重、远近、明暗的感觉，而且会引起人们的诸多联想。本书书重点介绍墙顶地等室内空间立面的色彩与图案构成，以及不同风格印象的常见色彩搭配，对案例的背景色、主体色与点缀色进行分析，并给这些色彩搭配案例生动阐述色彩的搭配原理。

图书在版编目（CIP）数据

软装色彩与图案搭配 / 李江军编. —北京：中国电力出版社，2018.5（2018.5重印）
ISBN 978-7-5198-0844-0

Ⅰ. ①软… Ⅱ. ①李… Ⅲ. ①室内装饰设计 Ⅳ. ①TU238.2

中国版本图书馆CIP数据核字（2017）第140963号

出版发行：中国电力出版社
地　　址：北京市东城区北京站西街19号（邮政编码100005）
网　　址：http://www.cepp.sgcc.com.cn
责任编辑：曹　巍　联系电话：010-63412609
责任校对：王开云
装帧设计：王红柳
责任印制：杨晓东

印　　刷：北京盛通印刷股份有限公司
版　　次：2017年8月第一版
印　　次：2018年5月北京第二次印刷
开　　本：889毫米×1194毫米　16开本
印　　张：10
字　　数：280千字
定　　价：58.00元

版 权 专 有　侵 权 必 究

本书如有印装质量问题，我社发行部负责退换

前言

　　软装设计发源于欧洲，也被称为装饰派艺术。在完成了装修的过程之后，软装就是整个室内环境的艺术升华，如果说装修是改变室内环境的躯体，那么软装就是点缀室内环境的灵魂。

　　软装设计是一个系统的工程，想成为一名合格的软装设计师或者想要软装布置自己的新家，不仅要了解多种多样的软装风格，还要培养一定的色彩美学修养，对品类繁多的软装饰品元素更是要了解其搭配法则，如果仅有空泛枯燥的理论，而没有进一步形象的阐述，很难让缺乏专业知识的人掌握软装搭配。

　　本套系列丛书分为《软装风格解析与速查》《软装色彩与图案搭配》《软装家具与布艺搭配》《软装配饰选择与运用》四册，采用图文结合的形式，融合软装实战技巧与海量的软装大师实景案例，创造出一套实用且通俗易懂的读物。

　　软装设计首先要从风格入手，明确整个软装的设计主题。《软装风格解析与速查》一书重点介绍 11 类常见室内设计风格的软装搭配手法，并邀请软装专家王岚老师对其中 100 个经典案例进行专业剖析，让读者以最快的速度解各类风格的软装特点。

　　在软装设计中，色彩是最为重要的环节，色彩不仅使人产生冷暖、轻重、远近、明暗的感觉，而且会引起人们的诸多联想。《软装色彩与图案搭配》一书重点介绍墙面、顶面、地面等室内空间立面的色彩与图案构成，以及不同风格印象的常见色彩搭配，并邀请色彩学专家杨梓老师一方面对案例的背景色、主体色与点缀色进行分析，另一方面再给这些色彩搭配案例赋予如诗一般的意境，生动阐述色彩的搭配原理。

　　家具与布艺作为软装中的基本点，体现出居室总体色彩、风格的协调性。《软装家具与布艺搭配》一书重点介绍各个家居空间的家具布置与布艺软装知识，邀请对布艺搭配具有独到研究与创新的软装专家黄涵老师对其中一些经典案例进行专业解析，深入浅出地讲解家具与布艺基本的搭配法则。

　　配饰元素是软装中的点睛之笔，饰品的布置与搭配需要设计师有着极高的审美眼光与艺术情趣。《软装配饰选择与运用》一书重点介绍灯饰照明、餐具摆设、装饰摆件、墙面壁饰、墙面挂画、花艺与花器、装饰收纳柜等七大类软装配饰的选择与搭配知识，邀请软装专家王梓羲老师对其中的经典案例做深入讲解，让软装爱好者对软装饰品的摆场与搭配法则做到心中有数。

目录 contents

对比色搭配方案

对比色是两种可以明显区分的色彩，包括色相对比、明度对比、饱和度对比、冷暖对比、补色对比、色彩和消色的对比等。它是构成明显色彩效果的重要手段，也是赋予色彩表现力的重要方法。其表现形式有同时对比和相继对比之分。比如黄和蓝，紫和绿，红和青，任何色彩和黑、白、灰，深色和浅色，冷色和暖色，亮色和暗色都是对比色关系。

常用对比色搭配

断舍离

黑白灰配色，极简风格，自成一派

[空间色彩解析]

　　黑白是最经典的对比色系，仅用黑白两色装饰空间，能给空间带来时尚摩登的气质。此方案中，黑白两色贯穿整个空间，白色为主，黑色为辅，主次分明，黑白分明，小狗雕塑让空间更具艺术气质。空间没有多余的内容，每一件物品都有其存在的功能性和装饰性。这个配色方式适用于现代风格的极简空间，与现在流行崇尚的"断舍离"所表达的生活理念一样，清空环境、清空杂念，过简单清爽的生活，享受自由舒适的人生。

[空间色彩运用]

[背景色 & 主体色 & 点缀色] 白色　黑色

对比色搭配法则

红色抱枕与蓝色的台灯给人以色彩艳丽的印象

> 把两种对比强烈的颜色组合起来是一种极具吸引力的挑战。因为在强烈对比之中，暖色的扩展感与冷色的后退感都表现得更加明显，彼此的冲突也更为激烈。要想实现恰当的色调平衡，最基本的要求就是要避免色彩形成混乱的多重奏。弱化色彩冲突的要点在于降低其中一种颜色的纯度，或者用一种面积较大颜色与一种面积较小的对比色达到平衡。

红色单人椅与降低纯度的墨绿色书柜形成柔和的对比

大面积蓝色中适当加入粉色制造视觉冲击力

蓝色的背景色与红色的主体色形成一组对比色

有趣配色

混沌初开，万物萌发

[空间色彩解析]

　　降低了纯度的紫色和绿色在一起搭配使用非常有意思，紫色本不属于自然色系，但和相同纯度的绿色搭配则有着神奇的化学反应，这是一种初春的典型配色，给人一种混沌初开，万物萌发的感觉。本空间中，紫色的壁纸和绿色的窗帘都用于墙面，家具和地面颜色均为暖色调，结合墙面用色，空间气质柔和。在这组属于自然色的配色方式中，由于紫色的融入而变得富有情趣。

[空间色彩运用]

[背景色] 紫丁香色　淡褐色　　　　[主体色] 米白色　原木色　　　　[点缀色] 嫩绿色　金色

　　红配绿，是很多人难以驾驭的互补色，本案中大量的红绿对比，不仅没有丝毫俗气，而且呈现出时尚清新的感觉。其原因在于饱和度与正负型的差别：绿色的饱和度整体低于红色，同时正负型赋予多样的变化，而红色在保证饱和度基本统一的前提下，体块正负型关系也相对保持了一定程度的和谐。这样的差别使主从关系趋于稳定，视觉效果跟着得到了统一。

活力之风

蓬 勃 年 轻 ， 富 有 朝 气

[空间色彩解析]

普蓝色有着洒脱、正统、现代化的感觉，与对比色橙色搭配在同一空间，开放度最高，有充满活力之感。此色彩搭配方案适用于成长期的青少年，静谧的普蓝色十分安稳，大面积运用于空间中，提升空间的气质，有助于安静地思考、学习，小部分跳跃的橙色阳光，给空间带来朝气蓬勃的气息，动静皆宜的成长是健康的、快乐的。

[空间色彩运用]

[背景色] 紫丁香色 淡褐色　　　　[主体色 & 点缀色] 白色 橙色

黑白色搭配法则

黑白配的装饰风格营造出一种冷酷硬朗的氛围

黑白对比色常用于现代简约风格的家居上

黑白空间中可以加入一些有曲线条的软装饰品进行柔化

> 黑色与白色搭配注意在使用比例上要合理，分配要协调，过多的黑色会使家失去应有的温馨。大面积铺陈白色装饰，以黑色作为点缀，这样的效果显得鲜明又干净。另外，适当运用一些有曲线条的饰品也可以柔化黑白风格的冷硬。

利用墙面上的圆形图案打破黑白空间的单调感

黑白搭配的空间中黑色占的比例往往相对较小

岛上的少女

大 海 装 饰 了 你 的 梦

[空间色彩解析]

　　当清冽的蓝色遇见淡雅柔和的粉色，整个空间浪漫到极致。此空间中，背景色运用大面积的蓝色，色彩浓郁饱和，让人联想到湛蓝的大海；主体家具运用蓝色和粉红色，粉色浪漫，让人联想到少女的脸庞，在阳光下的海边焕发着灿烂的笑容；地毯将空间中的颜色整合运用，茶几和壁炉的金色提升了空间的精致度。

[空间色彩运用]

[背景色]白色　蓝色

[主体色]蓝色　粉色

[点缀色]金色

时髦品味

自 然 主 义 的 浪 漫 呈 现

[空间色彩解析]

　　自然主义园林意趣的图案同样是属于 Chinoiserie 系列，时尚 Chinoiserie 风格是被欧洲塑造出来的想象风格，充满了神秘、浪漫与奇遇。此空间中运用了蔷薇红与嫩竹绿这组对比色，另外加入了与红绿相邻的橙色系，即墙面的白茶色和杏色，色彩搭配丰富，整个空间温暖浪漫，Chinoiserie 风格的面料运用于床品和抱枕，给空间带来时髦的气质。

[空间色彩运用]

[背景色] 白色　杏色　　　　　　　　[主体色] 白茶色　蔷薇红

[点缀色] 孔雀绿　原木色

理性质感

从 容 展 现 本 色 气 质

[空间色彩解析]

　　喜欢素雅格调，没有浓妆艳抹的空间。简单的生活，舒适的居所，天生丽质不张扬，此空间正是如此。素雅的白和深沉的黑，表达手法简洁有力，属于自然色系的浅叶色带来了外面的空气，柔和了空间生硬的色调，让人觉得能够呼吸到大自然的气息；浅金色画框带来优雅的美感。低调配色的空间中透露着富有品质感的细节。

[空间色彩运用]

[背景色] 白色　原木色　　　　　　[主体色] 白色　黑色

[点缀色] 浅叶色　浅金色

相似色搭配方案

在色轮上 90°角内相邻的色统称为相似色，例如红－红橙－橙、黄－黄绿－绿、青－青紫－紫等均为相似色，相似色是色彩较为相近的颜色，它们不会互相冲突，所以在房间里把它们组合起来，可以营造出更为协调、平和的氛围。这些颜色适用于客厅、书房或卧室。为了色彩的平衡，应尽量使用相同饱和度的不同颜色。

常用相似色搭配

清晨旅行

绿水青山，蓝天白云

[空间色彩解析]

在色彩上，90°角内相邻接的颜色统称为相似色。用相似色打造空间，因为色彩开放度不高，空间和谐统一。蓝绿色过渡到蓝色的空间，色彩饱和度不高，空间中大面积的背景色都运用了天蓝色，主体色为暖白色，床、床头柜和地毯的色彩结合墙面的天蓝色，使得整个空间明快清爽，云杉绿和钴蓝色在布艺上点缀，原木色的地板和家具的腿部增加了空间中的暖意。大自然的配色方案，绿水青山和蓝天白云，是走在旅行路上最美丽的风景。

[空间色彩运用]

[背景色] 天蓝色　原木色

[主体色] 米白色　天蓝色

[点缀色] 云杉绿　钴蓝色

相似色搭配法则

在空间配置中，相似色做搭配是最安全也是接受度最高的搭配方式，相近色彩的组合可以创造一个平静、舒适的环境，但这并不意味着在相似系组合中不采用其他的颜色。应该注意，过分强调单一色调的协调而缺少必要的点缀，很容易让人产生疲劳感。比如，采用自然气息的色彩印象，会有较大面积的米色、驼色、茶灰色等，在这个基础上，可以根据个人的喜好将其他的色彩印象组合进来，但要以较小的面积体现，比如抱枕、小件家具或饰品等。

利用装饰画的色彩弱化大面积粉色的沉闷感

粉色与紫色这组相似色常用于女孩房间

墙、地面的色彩与沙发抱枕形成呼应

利用抱枕的色彩为深色客厅空间增添活力

视觉上和谐统一且不失活力的卧室配色方案

公主养成

为 你 打 造 一 个 快 乐 的 童 年

[空间色彩解析]

　　如果要选一个最能代表女孩气息的颜色，非粉色莫属。粉红色色调柔和、可爱甜美，具有公主般的浪漫以及孩子气的温馨。此空间中的背景色、主体色运用了色调近乎统一的粉色系，通过窗帘图案、床品图案以及地砖图案来提升空间色彩的丰富度，床品和座椅的颜色中藏着天蓝色和淡黄色，色彩统一中有细微的变化。粉色柔和，力量感弱，使用褐色地板，空间配色得到平衡稳定。粉色是打造女孩房间最受欢迎的颜色。

[空间色彩运用]

[背景色] 白色 粉色

[主体色] 粉色 藕褐色

[点缀色] 天蓝色 黄色

卧室中的色彩与客厅相比较为淡雅，搭配上也需要体现出整体风格中奢华的一面。在颜色较为素雅的空间中，需要加强不同软装之间的联系和呼应，使整体色彩更加明显。设计师将台灯、地毯、窗帘和画品统一起来，通过不同材质来表达蓝灰色系，低饱和度的色彩也能出彩。

加州阳光

代 表 能 量 的 第 二 位 颜 色

[空间色彩解析]

　　橙色是仅次于红色之后的第二位能量色，代表阳光、温暖、欢乐、兴奋。此空间中的用色，都属于暖色系且同属于橙色家族，色调不同，分工不同。墙面的淡褐色和地面的褐色属于弱调的橙色和暗调的橙色，刺激度最低，适用于做大面积的背景色；主体沙发的米白色，属于淡调的橙色，适用于提亮空间；茶几、地毯和抱枕的橙色是锐调的橙色，在空间中起到装饰强调的作用；装饰画的橙色和边几、台灯的金色是明调的橙色，起到点睛和增加精致度的作用。这是一个用相似色搭配得和谐统一而又色彩丰富的空间。

[空间色彩运用]

[背景色] 淡褐色　褐色

[主体色&点缀色] 米白色　红色

儿童房以粉红色为主调，顶面部分全部使用白色，再搭配白色的家具和装饰相框，有效地缓解了整个大面积粉红色的压抑感。女孩子的房间大多喜爱红色或粉红色，但是大面积运用此类颜色会使人感觉烦躁不安，设计时应注意空间留白，这样会使整个房间有透气感。

加州阳光
复 古 精 神

[空间色彩解析]

　　此空间的色彩运用也都是属于橙色家族。与前一个空间不同的是，此空间运用的是属于暗调过渡到明调的配色方案。最深的褐色作为背景色，与主体家具的褐色形成前进和后退的关系，布艺、地毯、装饰画和墙面线条的米白色，与褐色形成轻重的用色关系，平衡了空间。金色为这个配色复古绅士的空间中书写了最具气质的一笔。此空间配色方案适用于儒雅知性男士们的书房或商务会客场所。

[空间色彩运用]

[背景色] 白色　深褐色

[主体色] 米白色　褐色

[点缀色] 金色

深色的墙面搭配白色的墙裙和浅色的地面作为硬装的基调，布艺沙发选择了与墙面同色系的浅色，木质家具为深色，并用家具与地面的中间色作为过渡。整体配色深浅有致。如果软装配色不想太过于出挑的话，可以选择保守的方法，选择用相似色来搭配，基本不会出错，然后用几件单品作为点缀提亮空间。

暖心味觉

色 彩 打 造 对 胃 的 空 间

[空间色彩解析]

黄绿色过渡到黄色的空间，背景色的嫩绿色与餐椅的淡黄色是空间中最亮眼的色彩，饱和度高的暖色调作为餐厅的环境色，能够打开用餐者的味蕾。窗框和餐桌选用褐色，沉稳的颜色赋予跳色以稳定感，给空间增添了更具仪式感的稳重。也因此合理地选用了金色吊灯，金色同样具有仪式感。此空间有着田园般的气息，有着对生活庄重的热爱和对幸福的敏感。

[空间色彩运用]

[背景色]嫩绿色　褐色　　　　　　　　[主体色&点缀色]米白色　黄色

主旋律

优雅舒缓的中性色

[空间色彩解析]

　　灰色是中性色彩的代表色，是种神奇的颜色，与任何色彩都能搭配。灰色用于卧室，气质宁静优雅。此空间中的背景色和主体色都是灰色调，米灰色运用在窗帘和抱枕上，作为灰色的中和剂，让原本无趣的中性色变得丰富有趣。在低彩度的空间运用冷暖的颜色差异制造对比和层次。图案的运用进一步丰富了这个舒缓柔和空间。

[空间色彩运用]

[背景色]白色　灰色

[主体色&点缀色]米色　烟灰色

点缀色搭配方案

点缀色常常会出现在一些空间中的装饰小物品上，色块在空间中的比重很小。常见的表现方式会出现在一些艺术品、陈设品、小的布艺、花艺、灯具等物品上。因为点缀色通常用来打破单调的整体效果，所以如果选择与背景色过于接近的色彩，就不会产生理想效果。为了营造出生动的空间氛围，点缀色应选择较鲜艳的颜色。在少数情况下，为了特别营造低调柔和的整体氛围，点缀色可以选用与背景色接近的色彩。

常用点缀色搭配

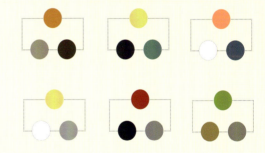

玩味细节

帅 气 时 尚 的 存 在

[空间色彩解析]

　　流行了一个世纪的条纹图案，依然是当下最时髦、运用最广泛的图案之一，条纹有着自由、帅气的姿态。这原本是一个用色严谨稳重的空间，褐色的背景色，用普蓝色带来冷暖差异，提升了空间的品质感。用柠檬黄装饰枕作为点缀，装饰枕上的装饰皮带为抱枕平添了时尚帅气的细节，传统配色的空间也因此变得年轻时尚有活力。

[空间色彩运用]

[背景色] 白色　褐色

[主体色] 白色　普蓝色

[点缀色] 柠檬黄

点缀色搭配法则

整个硬装的色调比较素或者比较深的时候，在软装上可以考虑用亮一点的颜色来提亮整个空间。

点缀色具有醒目、跳跃的特点。在实际运用中，点缀色的位置要恰当，应避免成为添足之作，在面积上要恰到好处，如面积太大就会将统一的色调破坏，面积太小则容易被周围的色彩同化而不能起到作用。应该十分慎重地、十分仔细地将鲜明、生动的点缀色彩用到最关键的地方，真正起到灵活而神奇的作用。

北欧风格家居常用色彩鲜艳的装饰画活跃空间氛围

利用装饰画的色彩给深色空间增添活力

点缀色往往出现在装饰画、抱枕等小饰物中

橙色鼓凳和抱枕缓和了大面积白色的单调感

柠檬黄是简约风格家具最常见的点缀色

配色大片

充满活力的时尚风情

[空间色彩解析]

　　富于装饰感的空间，大面积的几何图样，有节奏有秩序地运用于墙面和床品，地毯图案与之呼应，通过图案的运用，空间已经有了强烈的时尚气息。更妙的是，在这个单纯而又丰富的蓝色调空间中，运用了一盏橙色的台灯。台灯造型圆润颜色饱满，处于中心的位置，为这个时尚的空间书写了一笔慵懒惬意的气息。此配色及图案搭配方案同样适用于平面摄影手法，具有刺激人眼球的开放度和冲击力。

[空间色彩运用]

[背景色&主体色] 白色　宝蓝色

[点缀色] 橙色

热情助力

红色的能量磁场

[空间色彩解析]

　　此空间配色稳健、气质俊朗，运用暖灰色作为背景色，灰色优雅，搭配原木色更为精致，普蓝色床屏和暖灰色墙面形成冷暖对比，丰富了空间的层次感，床尾凳和床头柜的用色和地面颜色同为橙色系，床品和地毯颜色同为蓝色系，蓝色、橙色这组对比色贯串了空间的配色运用。墙面的装饰画和几何图案跳跃动感，最吸引人眼球的是装饰画上的红色色块。红色与橙色是相邻色，与蓝色是对比色，以刺激度最高的红色，小面积运用在空间，给空间带来热情的能量。

[空间色彩运用]

[背景色]白色　暖灰色　　　　[主体色]普蓝色　咖啡色　　　　[点缀色]红色　黑色

季节之美

冬去春来，万物复苏

[空间色彩解析]

在这个背景色和主体色都是白色的空间中，光线充足，色彩明快，通过草绿色和原木色这一类自然色的点缀，能够带给人们生机盎然的心理感受，仿佛经历了一个寒冬后初见春意时的欣喜和快乐，想卸下厚重的冬装，到户外开展游玩野炊活动。此空间中的配色及材质运用均传达出这样的氛围，绿色有着新生的希望，原木色的家具以及藤编的物件有着自然的气息。墙面镜框有着粗犷的自然肌理图案和精致的银色材质，镜框的运用为这个自然的空间带来精致的美感。

[空间色彩运用]

[背景色＆主体色] 白色　灰色

[点缀色] 草绿色　原木色

生活中的暖意

稳 稳 的 幸 福

[空间色彩解析]

　　此空间的配色方案平稳柔和，背景色和主体色均为白色和原木色系，明亮、安稳，饱和度高的柠檬黄虽然有一定的刺激度，但被精确地控制了面积比例，非但没有让人觉得很刺激，反而为空间增添了温暖的一笔，灰蓝色的单人沙发是空间中唯一的冷色调，空间有了对比色，开放度变高。这是一个能让人愿意长时间待在里面的配色方案，有着幸福的暖意。

[空间色彩运用]

[背景色&主体色] 白色　原木色　　　　[点缀色] 柠檬黄　淡褐色

季节之美

冬 去 春 来 ， 万 物 复 苏

[空间色彩解析]

在冷灰色调的空间中，加入热情的红色，此空间中运用的红色纯度很高，给人一种厚重、浓烈的感觉，视觉冲击力强，使用红色和灰色的搭配，灰色能衬托出红色的华丽，红色让灰色更为优雅，两者搭配使用，让这个雅致的空间有了热烈的气氛。倘若我们想要制造一些不一样的节日气氛，那么在我们了解了每个颜色所传递出的情感后，便能更准确地拿捏和取舍。

色彩能够调动人的情绪，表达人们的情感诉求，用色的精髓就在于每一个颜色都有属于自己的故事，而无数种配色又会带来更多新的故事，有着无限可能。用色彩为你的故事说话。

[空间色彩运用]

[背景色&主体色] 白色　灰色　　　　[点缀色] 红色

东方印象搭配方案

传统东方风格以黑、青、红、紫、金、蓝等明度高的色彩为主，其中寓意吉祥、雍容优雅的红色更具有代表性。新东方风格的色彩发展趋向于两个方向：一是色彩淡雅的、富有中国画意境的高雅色系，以无色彩和自然色为主，能够体现出居住者含蓄沉稳的性格特点；二是色彩鲜明的富有民俗意味的色彩，映衬出居住者的个性。

东方印象常用色彩

红色	靛青色	金色
褐色	蓝色	浅绛色

西山的日出

喷薄欲出的意境与姿态

[空间色彩解析]

灵山多秀色，空水共氤氲。本方案的空间背景色以冷色调为主，白色、浅灰、黑色，配色如同置身薄雾中连绵起伏的山间，置身一片幽静写意之地。主体色则加入了米色和咖色系的暖色调，为人居空间带来温暖之感。餐桌边柜上红色的装饰画，是空间中的点睛之笔，锁定人的视点，有着太阳初升时喷薄欲出、霞光漫天的姿态。

[空间色彩运用]

[背景色] 浅灰色 黑色　　　　[主体色] 米色 褐色

[点缀色] 红色 橙色

借助光影细腻变化的纯净的黑色作为整个空间的背景色，更加凸显出床品不同肌理的灰色布料的质感；同色系台灯借用传统元素使用金属材质，体现出非常典雅的现代感；古典传统的橙红色非常具有东方气质；花器的陈设上采用不同明度的绿色植物，利用整体环境营造出符合现代的文雅气息。

素净雅致

气 质 美

[空间色彩解析]

　　此空间用色讲究平衡搭配，运用低彩度的色彩和材质的肌理传递空间的美感，在以墙面白色、地面原木色为主的空间背景色里，加入黑色以平衡白色，加入淡褐色与地面色彩相呼应，在素致的基调下，用光、用质地轻薄而又细密的面料、用不同材质在空间中呈现出细微色彩变化，使空间变得灵动。

[空间色彩运用]

[背景色]浅灰色　黑色　　　　　　[主体色&点缀色]淡褐色　灰色

娉娉袅袅十三余，豆蔻梢头二月初——杜牧

[空间色彩解析]

　　豆蔻年华，姿态美好，举止轻盈。明快浪漫的色彩最能体现少女情怀。本方案中，背景色选用米白色，主体色运用大面积的玫瑰色和天蓝色这组冷暖色做对比，点缀色运用紫红色和黄色，扩大了暖色系在空间中的面积，映衬出天蓝色的轻盈之感，深褐色起到平衡的作用。当青春洋溢的天蓝色邂逅娇艳柔美的玫瑰色，空间焕发无限活力。

[空间色彩运用]

[背景色] 浅米色　原木色　　　　　[主体色] 玫瑰色　灰绿色　　　　　[点缀色] 紫红色　黄色

绘画涂料

贯 串 整 个 人 类 历 史 的， 黑 与 白

[空间色彩解析]

　　人类在长期的自然环境中，日出而作，日落而息，黑白两色的变化，建立在个人的原始感觉上，构成了人类视觉的基础。在绘画作品中，黑色、白色两种颜色混合或者相互作用后会产生意想不到的艺术效果。在空间作品中，极致地使用黑白两种颜色，同样能产生另类的视觉美感，充满着理性的质感。本方案中运用的大面积白色为米白色，偏暖的米白色系结合灯光的作用，使家的感觉低调且卓尔不群。

[空间色彩运用]

[背景色 & 主体色 & 点缀色] 米白色　黑色

蓝色与黑色在一起会产生出极为冷静的空间表情，本案中的蓝色同时具有前进和后退两种气质，主从关系明显，辅助于具有 20 世纪家具形态变革的餐椅，形制轻盈而神韵厚重；悬挂着洁白流苏的桌旗与桌面陈设形成正负的变化关系，使视觉上糅合为一体，使下半部分空间不至于过分古板没有生气；浅粉色花朵的出现，使空间具备了冷暖对比的层次感。

远山

黛蓝的远山，清冽而又秀丽

[空间色彩解析]

　　用协调色作为底色，用对比色蓝色来提亮，在打造局部空间中，这种配合手法常规且非常安全，不会出错。淡褐色作为大面积的背景色，与床品的色彩、床柱的色彩相协调，蓝色从上至下贯串其中。肌理图案在这个空间中起到了灵动的作用，墙纸和床品抱枕的肌理图案，传递着空间写意的气质，与装饰画的画心内容相吻合，写意新中式，给人清冽而又秀丽的感觉。

[空间色彩运用]

[背景色] 淡褐色　　　　[主体色&点缀色] 蓝色　褐色

此空间选用大量的红色装饰，第一眼就给人以热烈的东方美；背景墙上两侧深棕色木制格栅勾勒出装饰画的轮廓；一幅工笔花鸟隐隐地传达出空间所期盼的愿景；桌上的器皿用不同层次的同色搭配，与玻璃器皿的透亮材质一同为空间注入独特的温馨与柔情。

像丝一样
淡雅的颜色

传 统 与 现 代 的 开 放 度 和 亲 和 力

[空间色彩解析]

混搭配色方案是现代人接受度比较高的装饰风格。用当代的设计手法营造传统的文化氛围，传统的色彩和图案搭配现代的造型和材质，融合出庄重与优雅的双重气质，本方案正是如此。在淡褐色的背景色下，金色的花鸟屏风与淡黄色的陶瓷小凳描绘着传统的美好图景，湖蓝色的地毯和装饰枕有洒脱闲适之意，有开放度，有亲和力，有愉悦和轻松感。

[空间色彩运用]

[背景色]淡褐色　　　　[主体色]金色　湖蓝色

[点缀色]浅黄色　茶色

同为大地色系的墙面与桌面，虽然颜色相近但是质感不同，相映成趣；台面陈设精致的水晶杯，通透而华丽；格栅用精练畅快的黑色细线将平面分割得富有节奏变化，台面陈设了满月形状的艺术品与之相呼应，协调了过多线条带来的呆板感受；空间中的植物陈设，大多一枝独秀，高低错落，饶有意境。

沏一壶茶

温 热 对 家 的 牵 挂

[空间色彩解析]

　　想象你在沏一壶茶，烫壶、置茶、温杯、高冲、低泡、分茶、敬茶、闻香、品茶，茶香四溢，唇齿留香。想留下这一刻美好恬静的回忆，于是有了这样的家。淡褐色与茶褐色构成了空间中大面积的背景色，同色系的米白色和米色用在主体家具和窗帘上，地毯中和了空间里的暖色，并加入相邻的茶绿色，黑色则有庄重高雅之感，空间配色在相邻色系中过渡，带来轻松舒适的感觉，这里仿佛隐隐能闻到茶香。

[空间色彩运用]

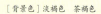
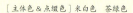

[背景色]淡褐色　茶褐色　　　　　　　　[主体色&点缀色]米白色　茶绿色

华丽印象搭配方案

传递华丽印象的配色应以暖色系的色彩为中心，以接近纯色的浓重色调为主。虽然都是浓郁的色调，但华丽感所需要的暖色是纯粹的，而复古韵味需要的则是暗色调。想要表现具有喜悦感的华丽氛围，以红、橙色系的暖色为中心配色即可。而以紫红、紫色为主的配色，具有妩媚的华丽感，若加以金色，则会显得奢华，加上黑色，则会显得神秘。

华丽印象常用色彩

金色	紫色	深红色
灰蓝色	咖啡色	灰绿色

错彩镂金

雕刻细节，颜如错彩镂金

[空间色彩解析]

在贵族掌握政权的时代，金色是贵族的特权，象征高贵和辉煌。想拥有一个尊贵感十足的室内空间，首选方案可以用金色作为背景色之一，金色在空间中极具装饰性，为空间带来尊贵的感觉。此空间中的主体色家具选用的是蓝色。冷色系的蓝色在暖色系背景的对比下，呈现一种精致亮眼的气质，红色点缀其中。空间运用到的三个华丽的色彩，注意了用色比例和协调，空间的用色开放度极高，有着古典的精美，也有着贵族的醒目。

[空间色彩运用]

[背景色]金色　　　[主体色]蓝色　　　[点缀色]红色

绿色以不同色相与明度呈现的方式点明空间主题。用镜面黑色与绿色进行高对比度搭配，可以更好地体现绿色元素在色阶、色度上的层次与纯粹。白色作为硬装的主要颜色，融合了多种元素的组合，并且使空间给人以清透典雅的感受。

典雅华丽

金色搭配紫色的浪漫主义

[空间色彩解析]

如果想打造一个浪漫的空间，紫色通常会是设计师们的首选。本空间的紫色是稍显硬朗的紫，不如明度高的紫色那样优雅和秀气，但却有着成熟、古典的味道。正因为如此，紫色的床品和地毯，与金色的墙面软包和窗帘搭配运用，有了惊艳的效果。金色作为空间中的背景色，紫色作为主体色，这样的搭配唯美浪漫且又雍容华贵，二者相互协调呼应。

[空间色彩运用]

[背景色] 白色　金色

[主体色 & 点缀色] 藕荷色　紫色

七彩星期

柬埔寨人古老而美好的穿戴习惯

[空间色彩解析]

　　七彩星期是柬埔寨的生活习俗。柬埔寨人有个古老而美好的穿戴习惯，他们喜欢用五彩缤纷的服饰色彩来表示一星期中的每一天。此空间中配色方案用色的丰富程度可与"七彩星期"的颜色相媲美，颜色丰富，也极其有规律。黄色、褐色与灰色为背景色，红色和原木色为主体色，蓝色是最亮眼的点缀色，上下对称、左右对称、前后对称，整个空间以暖色调为主，色彩关系相互呼应。黄色占大面积，黄色不像金色那样华丽，这里有着东南亚风格的自然丰盈，给人更亲近自然、亲近传统色彩的感受。

[空间色彩运用]

[背景色] 黄色　灰色　　　　　　　[主体色] 红色　原木色

[点缀色] 蓝色　金色

凝练之感

降 低 彩 度 后 的 红 与 绿

[空间色彩解析]

　　使用于正式场合的空间布置和配色，通常非常具有仪式感。红配绿是一组相当高频的色彩搭配，最常见的时候是圣诞节。圣诞节的红绿搭配，明度通常比较高，有着青春活跃的气氛。当红色和绿色同时降低了明度，且两色的用色比例分配合理时，则有了古典和考究的凝练之感，运用于需要有十足仪式感的正式场合非常合适。

　　此空间中，背景色的米色、褐色和金色组合，已具备尊贵感，主体色红色，面积大过点缀色绿色，且都降低了明度，与金色的尊贵气质完美结合。

[空间色彩运用]

[背景色] 金色　褐色

[主体色] 深红色

[点缀色] 灰绿色

黄、绿、蓝三色的使用中，选择明度、纯度都相近的颜色最不容易出错，而绿色本身就是黄色和蓝色两种颜色之间的过渡色。蓝绿色的墙面与地面装饰，都能更加凸显金色家居的高贵质感；浅黄色的花草纹样不断重复运用，在不经意间诠释了空间的浪漫与少女气息。

光荣与辉煌

至 高 无 上 的 权 利

[空间色彩解析]

　　这个空间乍一看全部都是金色，细细琢磨就能看出其中不一样的细节。金色属于黄色系，与许多颜色都能融合。背景色的褐色、地毯上和装饰画上的青灰色，皆与黄色系属于相邻色系；背景色明度低，与主体色相比之下，主体色的明度高，深浅颜色形成了前进和后退的色彩关系；点缀色金色运用在传统家具的雕花造型上、地毯图案上和装饰画画框上，古典的造型、图案纹样以及代表权利的金色，三者结合，相得益彰，就连茶几上的人物小雕像都是某个知名的历史人物，有着不可小觑的权利。

[空间色彩运用]

[背景色] 白色 褐色

[主体色] 咖啡色 黄色

[点缀色] 金色 青灰色

舞台

烘托氛围的华丽色彩

[空间色彩解析]

　　红与黑的结合有一种力动之美，搭配金色则增添了奢侈、豪华的感觉。这样的色彩搭配适用于打造华丽精致的舞台效果，若用在室内空间，则适用于面积较大的居室中的公共区域，起到艺术装饰的作用。此空间中，主体色红色的面积小于背景色中面积最大的深灰色，因此深灰色和黑色起到了稀释红色带来的刺激感的作用；金色让华丽之感得以升华；红色、金色搭配深灰色（或黑色）带来的豪华感，是强有力的、稳定的。

[空间色彩运用]

[背景色] 白色　咖啡色　金色　　　　　　　　　[主体色 & 点缀色] 红色　黑色　金色

玫瑰人生

时 尚 有 趣 , 灵 感 源 泉

[空间色彩解析]

　　提起玫瑰色,人们第一时间联想到的通常都是温柔可人的女性形象,女人如花,骨子里天生都有着浪漫的情怀。在现代都市中,传统的欧式风格已经在渐渐地化繁为简,过去风靡欧洲的洛可可风格也已不再盛行。但我们依然可以运用色彩来重温欧式的浪漫。此空间的背景色运用大面积白色加上金色的线条,主体家具的色彩与背景色协调统一。大胆尝试在地毯和抱枕上使用玫红色,地毯的面积比例大,抱枕色彩与之呼应,玫红色带来的浪漫感觉因此充满了人的感官。

[空间色彩运用]

[背景色]白色　金色　　　　[主体色&点缀色]玫瑰色　米白色

简约印象搭配方案

现代简约风格的色彩选择上比较广泛，只要遵循清爽的原则，保证颜色和图案与居室本身以及居住者的情况相呼应即可。黄色、橙色、白色、黑色、红色等高饱和度的色彩都是现代简约风格中较为常用的几种色调。黑灰白色调在现代简约的设计风格中被作为主要色调广泛运用，让室内空间不会显得狭小，反而有一种鲜明且富有个性的感觉。

简约印象常用色彩

白色	米色	灰色
黑色	蓝色	黄色

摩登之家

时 尚 有 趣 ， 灵 感 源 泉

[空间色彩解析]

　　黑白灰用色分明的高长调居室空间，通常给人过于冷清的感觉，然而通过细微的变化就可以打破那样的情况。背景色的灰，是接近灰色的淡褐色，属暖色系的淡褐色被大面积运用，结合原木色的地板，大大削弱了空间的冰冷感。主体家具运用黑白经典色，造型时尚有趣，风格大胆新颖，具有绅士般气质的墨绿色点缀于空间中，这是一个摩登有趣的家。

[空间色彩运用]

[背景色]白色　米色　　　　　[主体色]白色　黑色

[点缀色]墨绿色

采用撞色的软装设计手法，用黄色几何图案的抱枕提亮了整个以蓝色为基调的卧室，同时又与黄色系的地毯和地面产生了色彩上的呼应。将黄蓝撞色的软装饰品，以黄蓝之间任何一个颜色作为主色调进行空间大件软装饰品的布置，例如床品、家具、墙纸等，占比近60%；剩下的小件软装饰品，例如抱枕、挂画或者灯具等配置为另一个色调，占比近30%，就可以创造出一个时尚撞色范的卧室空间。

心情愉悦，悠然自得

有小狗的房子

[空间色彩解析]

有时候一幅艺术画可以带来整个空间设计的思路线索。有小狗的房子是什么模样？动物的淘气活泼和明快的色彩一样，能给风格简洁时尚的现代风格空间带来轻松快乐的感觉。

此空间中的背景色运用有气质的灰色调，壁柜则运用淡褐色，与墙面的灰色形成统一中的变化。暖色系小狗图案的艺术画是整个空间主题气质表达的点睛之笔，也许是先有了画才有了这样的家具选择。靠背上的动物皮毛纹样的面料和座面采用的橙色面料，与墙面和壁柜一样，同样是冷暖色结合，形成对比，又互相平衡，因为一幅画延展出来的空间气质，在这个空间里实现了很好的统一。

[空间色彩运用]

[背景色] 浅灰色　白色

[主体色] 橙色　浅褐色

[点缀色] 宝石绿　黄色

马卡龙色系的木质家具低矮简约，创造了空间的开阔与自在。可爱清新的墙纸与烟灰色亚麻地毯在明亮的自然光线下显得极为温馨舒适。原木材质的家具应用，使空间更加贴近自然，仿佛将室内环境与自然环境进行连通和结合。

彩色方块

童 趣 跳 色 点 缀

[空间色彩解析]

　　简洁、实用的现代风格空间里，黑白灰是主体色系，但如果加入多彩色系，空间就会立刻变得生动起来。此方案中，用果绿色做背景色，用丰富的彩色作为空间的点缀色，点缀色与背景色为相邻色相，刺激度都不高，通过多彩的点缀色，给空间增添了一抹轻松自然的气息。

[空间色彩运用]

[背景色] 果绿色　灰色

[主体色] 白色　黑色

[点缀色] 多彩色系

富于
装饰性的点缀

色 块 碰 撞 和 材 质 对 比

[空间色彩解析]

    在色彩搭配平稳优雅的空间中，一抹跳跃鲜亮的颜色最能活跃空间的氛围，富有装饰性的色彩点缀，会因为面积比例大小的不同，延伸出不同感觉的艺术效果。本空间中的背景色是浅米色调，主体色和背景色皆是同色系，运用金色作为点缀色，提升空间的品质，装饰画的跳色聚焦于整个客厅的视中心——壁炉上方，画面的色彩以暖色为主冷色辅助，融合于空间且点睛于空间，茶几上的跳舞女孩艺术摆件，更是将点缀色所呈现的气质表达得淋漓尽致。

[空间色彩运用]

[背景色] 米白色   [主体色] 淡褐色　黑色   [点缀色] 金色　红色

秋日恋歌

充满爱和留恋的秋天，秋风带凉亦漂亮

[空间色彩解析]

灰色是无彩色，即没有色相和纯度，只有明度，介于黑色和白色之间。灰色比黑色多了些灵动的雅致，比白色多了分沉静的内敛。灰色独有的内涵和气质给空间赋予一种特别的格调和美感，并且经得起时间的洗礼。

被灰色覆盖的这个空间，主体沙发和地毯的灰色面积都比较大，但皆属于偏暖灰色调，与黑色木作的家具结合，空间不至于太冷。精致的天文望远镜、茶几上银色的艺术摆件提升了空间的质感，一本烟棕色的书籍是空间中的那一抹蜜，质感和温度是相互交融的。

[空间色彩运用]

[背景色 & 主体色] 灰色　黑色

[点缀色] 白色　烟棕色

大地色系用在现代风格中同样可以很出彩，要点是善用对比色。明亮的柠檬黄可以有效规避大地色系的厚重之感，窗帘与挂画在此基础上调和出高反差的红蓝配色，细腻的印花与大片的黄色之间形成极强的节奏感。

至上主义

蓝 色 至 上 ， 充 满 生 气

[空间色彩解析]

　　至上主义，现代主义艺术流派之一，20 世纪初俄罗斯抽象绘画的主要流派，强调情感抽象的至高无上的理性，将早期立体民族风情中的民族意象风格抽离，只依靠几何形状进行创作。

　　在这个以大面积湖蓝色为背景色的空间中，主体的家具床延续了背景墙面的用色，让白色和蓝色在空间中铺展开来；运用跳跃的色彩和造型分明的几何图形，为空间增添了动感活泼的气氛。墙面的装饰画，平面的彩色方块组合搭配，形成视觉的中心点，画面中红色的色温高于湖蓝色墙面的色温，当人的视点集中在画面中心的红色上时，蓝色的墙面则给人后退之感，小面积的红色平衡了空间中大面积的蓝色，形成了一种有秩序的美感。

[空间色彩运用]

[背景色] 白色　湖蓝色

[主体色] 白色　湖蓝色

[点缀色] 红色　黄色

深蓝色的墙面与浅蓝色条纹地毯的搭配，让空间仿佛有了森林般的深邃空灵；红棕色的家具与深蓝色墙面产生强烈的色彩对比，又以大量低纯度的彩色抱枕中和了这种对比带来的突兀感受；条纹图案的地毯使墙面的色彩得以延伸，使空间色彩层次丰富又有亲和力。

自然而然

从 自 然 界 里 长 出 来 的 颜 色

[空间色彩解析]

　　春日的早晨从房间醒来走到客厅，容易被客厅的色彩点亮一天的好心情。开放通透的采光让自然的光线隔着薄纱从落地玻璃窗洒进客厅，墙面大面积的背景色采用原木色，温暖的色彩和质朴的材质有着春天泥土般的气息，转角白色的主沙发和蓝色的条纹地毯适合让人在上面慵懒一躺。白色上升，蓝色下沉，浓绿色的单人沙发色彩明媚而不夸张，用色平衡稳定。本空间色彩搭配源自自然取自自然，是一个带有春天般温度的现代风格空间。

[空间色彩运用]

[背景色] 白色　原木色　　　　[主体色] 白色　蓝色　　　　[点缀色] 浓绿色　银灰色

时尚印象搭配方案

时尚风格的色彩常常运用大胆创新，追求强烈的反差效果，或浓重艳丽或黑白对比。如果空间运用黑、灰等较暗沉的色系，那最好搭配白、红、黄等相对较亮的色彩，而且一定要注意搭配比例，亮色只是为了点缀提亮整个居室空间，不宜过多或过于张扬，否则将会适得其反。

时尚印象常用色彩

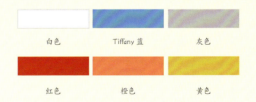

白色	Tiffany 蓝	灰色
红色	橙色	黄色

独具风格

喧哗和沉寂、激进和保守

[空间色彩解析]

红与黑容易让人产生喧哗和沉寂、激进和保守的感觉。它们虽然极端对立，却又有着共性，将矛盾的色彩用于同一空间中，是少有的搭配，也是经典的搭配。此空间中的用色是以黑色为主，红色为辅，背景色的大面积黑色和主体家具的黑色、地毯的灰色皆为无彩色系，茶几和装饰画，也是黑白色调的无彩色系。在这其中加入红色，运用在单人沙发、抱枕和窗帘上，给这个原本只有黑白灰的空间带来了张扬的气质。黑色的使用比红色集中，面积比红色大，能抑制红色的刺激感，空间独具格调。

[空间色彩运用]

[背景色]黑色　灰色

[主体色&点缀色]红色　白色

将玫红色明度降低使用，又配以黑白对比强烈且几何拼接的地面铺装，使整个空间具有硬朗的特征；轴对称悬挂的装饰画和后现代不锈钢镜面茶几上摆放的亮蓝色陶瓷器皿，都在诠释着空间的时尚气质，而工业风吊灯、人面矮凳，以及包裹性极好的驼色沙发，彰显出客厅独特的温馨与个性。

秋日私语

花朵的温暖和果实的芳香

[空间色彩解析]

协调色作为背景色，用饱和度高的跳跃色彩来提亮空间，这样的配色可行性很高。本方案中，背景色的墙面和地面运用协调的暖灰色系；用冷灰色的主体沙发拉开与背景色的色彩层次；果绿色和橙黄色的单人沙发继续沿用暖色调，饱和度比背景色高，造型极具趣味性，从空间背景色中的跳出来，活跃了空间的气氛；马毛地毯为空间增添了时尚感。此配色方案有着收获在秋天的季节之美。

[空间色彩运用]

[背景色]褐色　白色

[主体色&点缀色]果绿色　橙色

Tiffany Blue

格 调 与 雅 致 ， 万 千 女 性 梦 想 中 的 蓝

[空间色彩解析]

　　精致中性的配色方案。空间的背景色和主体色都是在白色和灰色中做变化，灰色有格调、现代、空灵之感，以它为底色，能衬托出 Tiffany 蓝的优雅气质，使蓝色墙面格外醒目。花艺和烛光的暖色增添了温暖和浪漫的氛围。此空间的色彩搭配和材质运用具备都市气质，容易受部分女性的喜爱。

[空间色彩运用]

[背景色 & 主体色]白色　灰色　　　　[点缀色]Tiffany 蓝　浅米色

运动会

难 忘 的 青 春 与 激 情

[空间色彩解析]

　　朝气蓬勃的运动会，有着青春的活力、热情的呐喊，各国国旗在太阳底下闪耀着跳跃的色彩。饱和度高的色彩有着跃动的节奏感，本空间的色彩搭配即是如此。背景色蓝色奠定了空间时尚清冽的用色基调，主体色家具和地毯也运用蓝色延展开。白色边框搭配普蓝色面料的床，将背景色与床品的颜色拉开，红色在其中与蓝色的明度一致，在以蓝色为主调的空间，红色的加入，能给空间注入热情，带来动感和活力。

[空间色彩运用]

[背景色＆主体色] 白色　蓝色　原木色

[点缀色] 红色　黄色　普蓝色

森林精灵

顽 皮 捉 迷 藏

[空间色彩解析]

　　绿色作为背景色的空间，有着大自然的气息，绿色代表着健康和希望。此空间的配色中，空间气质主要由背景色绿色表现，主体家具的颜色选用皆为无彩色系白色和透明色，与地面色彩几乎融为一体，黄色装饰画的前进感，给了绿色背景墙后退之意，但因为面积比例小于绿色，所以并不妨碍绿色在空间中起到的主导作用。地面的淡褐色系属于大地色，亚克力材质的餐椅和玻璃材质的吊灯若隐若现，它们像在森林中玩耍的精灵。

[空间色彩运用]

[背景色] 绿色　白色　　　　　[主体色&点缀色] 白色　黄色

布拉格日落

海岸线上折射的阳光

[空间色彩解析]

　　这是一个配色稳健、时尚的空间，淡褐色背景色与抱枕和床头柜同属橙色系，背景色饱和度低，适用于墙面，抱枕色饱和度略高，与背景色有了前后空间关系，床头柜饱和度最高，对称放置于床两边位置的下方，有平衡之感。白色床和灰色台灯在其中，橙色系的三层色彩有了有序的章法，蓝色增加了空间的开放度，空间因此变得更有活力。黑白装饰画像在讲述这里的故事。此色彩搭配方式可举一反三运用其他互补色搭配案例中，效果同样会很好，实用性很高。

[空间色彩运用]

[背景色]淡褐色　　　[主体色]白色　橙色　　　　　[点缀色]蓝色　黄色

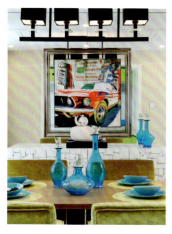

　　以黑色与白色的利落线条作为墙面、地面的硬装图案，在软装的选择上就要避免平直带来的克制感；家具选用浅米黄色和浅棕色方形沙发，可以有效提升空间的温和舒适感；再选用一些圆形与弧形的镜面，就能极大地提高空间品质；精致绿植鲜嫩的色彩，又为空间带去一股轻松灵动的自然之美。

动感波长

跃动的青春，活力四射

[空间色彩解析]

此空间配色方式极其纯粹，用色大胆张扬，简洁明了，背景色的红色刺激度高，张扬热情，黄色地面的刺激度虽不如红色，但依然有律动活跃的感觉，这两个颜色使用面积过大的话，都容易给人造成视觉上的膨胀感，因此，白色家居中运用尤为重要，白色对颜色的刺激度起到了穿透、稀释、平和的作用，所以通常用色简单、粗暴、刺激度过高的空间，更应该注意巧用黑、白、灰三色来让空间平衡，美出章法和秩序。

[空间色彩运用]

[背景色 & 主体色 & 点缀色] 红色　黄色　白色

复古印象搭配方案

在复古风潮愈加风靡的今天，以怀旧物件和古朴装饰为主要布置方式的复古风也悄然流行于家装界。复古风格家居巧妙利用复古家具与内敛装饰风格的交相呼应，呈现出具有时间积淀感的怀旧韵味，让人百看不厌。复古色不是单指一种颜色，而是指一个色调，看起来比较怀旧，比较古朴。很多颜色都可以表现出复古的味道，如白色、米色、金黄色、棕黄色、木纹色等。

复古印象常用色彩

亚麻色	墨绿色	深酒红色
灰蓝色	灰色	柠檬黄

旧时光

色 彩 不 浓， 回 味 不 永

[空间色彩解析]

　　色调暗且浓的色彩，通常都具有厚重的、充实的、传统的形象感。此方案中的绛红色给人一种复古的高级感。背景色与点缀色统一。主体家具运用比绛红色的明度高一点的咖啡色，具有前进感。在这样用色统一的空间，通过调整同色相与色调之间微妙的关系，制造前进与后退的感觉，打造更富有层次的空间，在统一中存有变化。

[空间色彩运用]

[背景色]绛红色　　　[主体色]咖啡色

即使是一个白色或原木色的明亮空间，只要加入了黑色铁制家具也会变得有工业气息；一个有坡度的木制吊顶，一方面将开放式厨房、餐厅与吧台结合在一起，另一方面粗犷自然的肌理与墙面形成了质感的对比变化，成为空间中的一个亮点，与铁质家具一起，突出复古情怀。

绅士品格

[空间色彩解析]

　　使用黑色作为背景色的空间，有着寻常住宅空间不具备的抽象表现力，黑色天生的深沉感，不含浮躁元素，经久耐用。空间中主体色运用普鲁士蓝。普鲁士蓝属于蓝色中的最暗调，没有黑色的极致，却极具风格和时代感，点缀色金色以及图中左后方的装饰柜同为暖色系，平衡了空间中的色彩，此空间色彩适用于具有绅士风度和气质的男性。

[空间色彩运用]

[背景色]黑色　浅灰色　　　　[主体色]墨绿色　　[点缀色]金色　褐色

软装色彩与图案搭配

雪茄

燃灰白如雪，烟草卷如茄

[空间色彩解析]

　　徐志摩为 Cigar 起中文名的时候，用"燃灰白如雪，烟草卷如茄"的描述为此取名为雪茄，将原名的形与意结合，造就了更高的境界。本方案中的配色就像被徐志摩描述的雪茄，背景色由深灰色和褐色构成，给人一种深沉的历史感；灰蓝色地毯呼应墙面背景色，有前进之感，并与背景同色相融合。主体色家具的原木咖啡色系就像烟草卷的色彩，墙面的黑白装饰画，则讲述着一段历史的故事。零星点缀的深酒红色也有着古典怀旧的气质。这是一个有雪茄般复古韵味的空间。

[空间色彩运用]

[背景色] 深灰色　　[主体色] 灰蓝色　咖啡色

[点缀色] 灰白色　深酒红色

工业风

冷 静 与 现 代 感

[空间色彩解析]

　　黑白灰色系营造的冷静、理性的质感，原始的水泥墙面和裸露的管线，是工业风的常规表现手法。本空间在白色和木色的背景色下，主体家具和地毯颜色运用有着冷暖细微变化的灰色来打造，木质加铁艺的书柜和茶几、铁艺的吊灯，材质原生态，使空间变得冷静不似小清新，这正是工业风带给人的感觉。

[空间色彩运用]

[背景色] 白色　木色　　　　　[主体色] 灰色

[点缀色] 黑色　咖啡色

蓝色涂鸦墙与大面积使用的黑白灰形成强烈反差。这种略显陈旧的蓝色，不像湖蓝、天蓝那么明亮、突兀，与工业风复古作旧的大空间很好地融合，墙面上的文字和涂鸦给硬朗的空间增添了一些生活温馨与童趣。

秋日恋歌

充满爱和留恋的秋天，秋风清凉也很漂亮

[空间色彩运用]

[背景色] 浅灰色　木色

[主体色] 亚麻色　珊瑚红

[点缀色] 湖蓝色　浅金色

[空间色彩解析]

　　此空间的配色方案，创作者将秋天的灵感赋予这个室内空间作品中，色彩搭配皆有章法和规律。背景色运用的暖灰色和原木色，如秋高气爽的季节，融入红色后，让原本素雅安静的空间增加了热烈浪漫的气息，床品选用的冷灰色缩小了红色的面积，且有一种秋风拂面的凉意。空间给人感觉温暖而不夸张，就像秋天的爱是热烈也是深沉的让人留恋的。

复古韵味

选 择 带 有 磨 旧 感 与 经 典 色 的 皮 革

[空间色彩解析]

　　在色彩开放度低、相似度本就比较高的空间中，灯光的作用更容易让背景色和主体色被笼罩上了一层相同的色调，这个时候除了颜色，材质的运用也尤为重要，带有磨旧感与经典色的皮革是工业风家具的首选。皮革的颜色与质地，会让空间更有复古的韵味，与铁艺、金属、水泥等其他材质相互作用和融合，能让空间在统一中含有变化。而点缀色只要控制其面积比例，选用任何颜色，一般都是不会出错的。

[空间色彩运用]

[背景色] 白色　灰色　　　[主体色] 褐色　黑色

[点缀色] 天蓝色　湖蓝色

跃动的粗旷感与有温度的工业风

金属与木

[空间色彩解析]

此空间是典型的工业风室内风格，运用经典的黑白灰作为背景色，主体色用跳跃动感的色彩刺激人的视觉感官。在用餐的环境里，暖色系相比冷色系更能让人胃口大开。同时，暖色系也为粗犷的金属材质餐椅带来温度，无论任何风格的家，温暖感是人们对家最大的期待。

[空间色彩运用]

[背景色] 暖灰色　深木色

[主体色 & 点缀色] 柠檬黄　红色

以大量的原木材质作为墙面肌理，搭配线条冷峻的墨黑色墙面，凸显出极强的工业气质；不同层次的粉色格纹地毯，与亮黄色鹿头墙饰一起给空间注入了温和的气息；铁艺的工业风台几使整个空间更加整体，卡其色的柔软座椅增加了空间的层次感，火炉边上机械感十足的复古座椅，透露出20世纪的气质与情怀。

乡村印象搭配方案

乡村印象的色彩给人温和、朴素的印象。这些色彩源自于泥土、树木、花草等自然界的素材，常见的有大地色系，如棕色、土黄色等低明度的色彩，以及绿色、黄色等。茶色系中同一色相不同色调的组合能够塑造出放松、朴素的氛围，如深茶色到浅棕色的组合、绿色和褐色的组合是最经典的自然色彩组合方式，不论鲜艳的还是素雅的，都能体现自然美。

乡村印象常用色彩

大地色	灰蓝色	绿灰色
果绿色	浅米色	褐色

儿时

田埂间流水哗啦啦，大树旁玩耍嘻嘻哈

[空间色彩解析]

清新乡村风格，摒弃了烦琐和奢华，推崇"回归自然"的生活方式。质朴的原木自然色为空间中大面积的背景色，使身处其中的人们能够感受到放松和舒适，白色的餐桌椅和窗帘、米灰色的羊毛地毯，为空间带来明亮之感。此方案的点缀色聚焦于天蓝色和深褐色，容易让人联想到天空、河流的天蓝色系，通常也代表着清爽和鲜活，深褐色则给这个清爽的空间添加了稳定感。绿植搭配在美式乡村风格中的运用必不可少。

[空间色彩运用]

[背景色] 大地色　　　[主体色] 白色

[点缀色] 灰蓝色

美式乡村风格的颜色通常整体偏暗、偏陈旧，如果需要更多明亮的感觉和光线进入，可以从色彩上对空间进行一些调整和规划。设计师在没有大量使用木质的情况下，可以用红色乳胶漆墙面和石材砖面与布艺结合，形成红加绿这样跳跃的色彩搭配，而不只是从家具下手。复古的乡村风也有小清新的感受。

难得炉火这般温暖，不寒冷

炉火

[空间色彩解析]

传统美式乡村风格，强调生活的舒适、温暖和自由。无论是感觉厚重的家具，还是斑驳的墙面石材，都在诠释美式乡村风格的历史感和质朴感。

白色顶面，木色地面，石材壁炉，米灰色房梁，空间里从上至下的色彩关系展现出一种富有层次的稳定感，轻重有序，色相在统一中有着细微的小变化。家具和窗帘稳稳地与空间背景色相呼应，还少量褐色点缀。此方案的色彩搭配保守稳健，开放度低，传递出一种自然温暖的氛围，如同围坐在炉火旁，安静地读一本书，讲一个故事。

[空间色彩运用]

[背景色] 大地色　灰白色

[主体色&点缀色] 褐色　咖啡色

假日

悠长假期里，读一首夏天的诗

[空间色彩解析]

　　沐浴阳光、花果飘香的季节，是最佳的度假时节。黄色是成熟的色彩，本方案大面积使用黄色于墙面，仿佛传递着秋季收获的美感；褐色砖石地面，有着自然的肌理和色彩；选用米白色书桌与褐色木作的书椅，主体色与背景色相呼应；窗帘上的红橙色和嫩竹绿，与书桌上花卉、墙面装饰挂盘一起，点缀在空间里。色彩清新明快的乡村风格，是当代人们寻求悠然、浪漫、温暖情怀的精神寄托。

[空间色彩运用]

[背景色] 淡黄色　白色　　　　[主体色] 米白色　褐色　　　　[点缀色] 红色　嫩竹绿

森林系

植 物 和 土 地 的 对 话

[空间色彩解析]

    此空间配色基于大自然森林的色调。在此基础上进行色彩搭配。绿色可以赋予各种概念以与大自然相关的意义。大面积用于墙面的绿色，选用了饱和度偏低的绿灰色，降低了绿色本身的刺激度，绿色与褐色地面的结合，如同植物与土地。主体家具沿用土地色系，床屏和床品的浅米色提亮了空间的色调，有上升之感；床毯色彩以及床头柜和斗柜色彩则呼应地面颜色，有下沉之意；地毯的图样和色彩则起到丰富、平衡的作用。

[空间色彩运用]

[背景色]绿灰色　白色

[主体色]浅米色　褐色

[点缀色]金色　蓝灰色

掌握对某种颜色的铺陈位置有利于对空间色彩的展开，地面、墙面与床上的三种灰色形成三个协调的块面，再局部选用白色的软装陈设，使空间呈现出安宁的气氛。温柔的绿豆灰作为画面中的前景色，减轻陌生、拘谨的感觉，提供给卧室以亲切感，而家具固有的深棕色，收拢了整个空间，使视觉感受趋于稳定。

休闲度假，山水滋养

原生地貌

[空间色彩解析]

　　建筑与大自然的有机结合，乡村风格是简朴的，更是优雅的。此方案中，墙面的白色涂料与天然石头材质的结合，构成了空间大面积的暖色背景；主体家具延续暖咖色系，并加入对比色系蓝色，空间的开放度变高，居室环境摆脱了传统乡村风格的沉闷和厚重，有了清爽和生动的美感。点缀色则降低或提高了主体色的饱和度，小面积点缀，丰富了空间中的色彩层次。空间中蓝色的运用，如同山谷间的一湾清泉，滋养着这一方水土。

[空间色彩运用]

[背景色] 大地色　白色

[主体色] 浅米色　咖啡色

[点缀色] 普蓝色　湖蓝色

气爽云高，山坡尚绿；日光倾斜，秋风阵阵

秋游

[空间色彩解析]

　　亲近自然、向往自然的风格。久居都市的人们总是喜欢在运用自然的色彩诠释悠闲、舒畅的生活情趣。刷上果绿色的墙面，扑面而来的是健康新鲜的气息；选用藤制家具和亚麻地毯呼应主题；主体家具面料色彩与墙面线条的颜色同为浅米色，有提亮空间的作用；沙发面料上加入的浅叶色，以及装饰抱枕的天蓝色面料，同样是取自自然中的色彩。此色彩搭配方案整体亲切实在，能给人放松之感。

[空间色彩运用]

[背景色] 黄绿色　褐色

[主体色] 米白色　咖啡色

[点缀色] 灰蓝色　果绿色

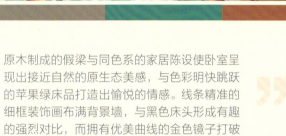

原木制成的假梁与同色系的家居陈设使卧室呈现出接近自然的原生态美感，与色彩明快跳跃的苹果绿床品打造出愉悦的情感。线条精准的细框装饰画布满背景墙，与黑色床头形成有趣的强烈对比，而拥有优美曲线的金色镜子打破了床头的凝重，使空间古典与现代并存。

墙面色彩与图案搭配方案

墙面图案不仅吸引视线，丰富建筑表面的质感，而且它比单纯的色彩更能影响空间。但注意太过于具象的图案内容会更加强烈地吸引人的注意力，一方面后期与其他陈设品的搭配相对困难，一方面作为空间的背景也过于活跃。通常小孩房、厨房等空间的使用功能相对单纯，只要选对业主喜欢的主题就好了，即使图案相对显眼也无大碍。

◎中式风格墙面图案　　　　　　　　　◎乡村风格墙面图案

◎清新风格布艺图案　　　　　　　　　◎简约风格墙面图案

◎欧式风格墙面图案　　　　　　　　　◎复古风格墙面图案

古文明

环球视野，文化植根于土地和大海

[空间色彩与图案解析]

　　古文明神秘而尊贵，盖了多个邮戳的世界地图墙纸满铺于床头装饰墙面，与其他三面墙的米色墙纸搭配，给空间带来复古神秘的气质。床屏和部分抱枕的皮革面料，有着奢华和尊贵的感觉。将大地色系与天空海洋色系相结合，搭配出成熟醒目又妙趣横生的室内空间，斗柜上的帆船点亮主题，这是一个环球航海探险的故事，适用于年龄稍微大一些的儿童的卧室。

[墙面色彩运用]

[墙面图案选择]

墙面图案装饰作用

图案能使空间环境具有某种气氛和情趣。例如，有些带有退晕效果的墙纸，可以给人以山峦起伏、波涛翻滚之感；平整的墙面贴上立体图案的墙纸，让人看上去会有凹凸不平之感。带有具体图像和纹样的图案，可以使空间具有明显的个性，甚至可以具体地表现某个主题，形成富有意境的空间。

床头墙给人仿佛一面书架的视觉效果

具有立体效果的墙面图案

花鸟为主的手绘图案适合乡村风格卧室

祥云图案表达出中式意境

墙面图案与孔雀装饰品相映成趣

春意

竹 外 桃 花 三 两 枝

[空间色彩与图案解析]

乍暖还寒的季节，春天刚刚到来，空气中还有些许寒意。三两株桃花稀松平常地开放，吸引来玩耍的鸟。墙纸的意境清爽唯美，在此基础上，蓝灰色面料做床屏，天蓝色面料做床品，用统一的色相描述统一的语言，墙纸的桃花与花朵形状的抱枕相呼应，从平面过渡到立体；蓝灰色窗帘选用的几何图样为这个新中式空间增添了时尚感。

[墙面色彩运用]

[墙面图案选择]

大面积的花纹或图案有时需要谨慎使用，否则容易形成太夸张或者不耐看的效果。但如果只是把重点放在床头，可以大胆地选择与主体相符的并且很有视觉冲击力的壁画，不仅让房间变得更加活泼，同时也是相当美观的床头背景装饰。但需要注意床品以及家具色彩的和谐搭配，才能够使壁画的色彩更好地融入到空间中来。

回旋诗

历史，是刻在时间记忆上的一首回旋诗——雪莱

[空间色彩与图案解析]

　　深棕色系硬包墙面，金色铜扣装饰米字形纹，往前是红棕色的皮革床头柜，同样有金色铜扣装饰，再往前是白色和咖啡色的床品，这是一个深沉有格调的卧室空间。色彩运用红色和橙色的暗调配色，同色相不同明度，床品局部留白，空间因此可以自由呼吸。对比色钴蓝色的加入，营造出考究和凌然的感觉，抱枕上的人物彩绘图，和空间的格调相互呼应，仿佛在讲述一段历史，使空间有温度，有故事。

[墙面色彩运用]　　　[墙面图案选择]

锡兰红茶

优 雅 的 礼 物

[空间色彩与图案解析]

　　锡兰红茶是世界四大红茶之一，被誉为"献给世界的礼物"。茶色用于室内十分优雅。以茶色为底色的写意花鸟壁纸自带一种温馨的底色，与地板颜色色相统一。白色墙裙、紫灰色斗柜和浅蓝色座椅，柔和的色调相叠，有一种浪漫优雅的气质。让人醉心的法式中国风，在各类室内装饰风格中，和锡兰红茶一样，是一份珍贵的礼物。

[墙面色彩运用]　　　　　　　[墙面图案选择]

季候风

当 微 风 带 着 季 节 的 味 道

[空间色彩与图案解析]

　　清新自然明快的室内空间，着重用墙面的墙纸色彩凸显出季节的美感，一切仿佛都有初生般的希望。墙纸和单人沙发上的几何图样青春洋溢，亚麻地毯的几何图案与之呼应，三人沙发上用和壁纸图案一样的抱枕点缀。一组干净纯粹的对比色运用，适合运用在年轻人的温馨小窝里。

[墙面色彩运用]

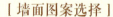

[墙面图案选择]

墙面图案搭配法则

楼梯口的大树图案还具有引导空间的作用

> 同一空间在选用图案时，宜少不宜多，通常不超过两个图案。如果选用三个或三个以上的图案，则应强调突出其中一个主要图案，减弱其余图案；否则，过多的图案会给人造成视觉上的混乱。
>
> 动感明显的图案，最好用在入口、走道、楼梯或其他气氛轻松的房间，而不宜用于卧室、客厅或者其他气氛闲适的房间；过分抽象和变形较大的动植物图案，只能用于成人使用的空间，不宜用于儿童房；儿童房的图案应该富有更多的趣味性，色彩也可鲜艳一些；成人卧室的图案，则应慎用彩度过高的色彩，以使空间环境更加稳定、和谐。

呼之欲出的大象图案给客厅增加了异域风情

花卉图案给卧室带来清新自然的气息

满墙的交通工具线形图案富有趣味性

年华盛放

充 沛 且 丰 富 的 能 量

[空间色彩与图案解析]

年华盛放，爱红色的热情，有充沛的能量。红色墙纸虽然为空间中的背景色，但整墙使用的面积非常大，已然成为空间中的主要色调，控制着空间气质的走向，墙纸上的印花图案虽然很浅，但在一定程度上稀释了红色的面积。红色因为有了印花内容，而给人感觉丰富而不单一。条纹面料的沙发、金色台灯和墙上的画，用色在统一中有变化、有对比。

[墙面色彩运用]

[墙面图案选择]

奇趣丛林

太阳升起又悠悠落下，鸟儿飞走又匆匆回家

[空间色彩与图案解析]

　　本方案中，墙纸的图案和面积运用奠定了空间的整体气质。丛林系列的墙纸，给人带来神秘有趣、想往里一探究竟的联想。没有床屏的床，粗麻绳上缠绕的两只小猩猩灵动活泼仿佛在爬树。书桌椅的材质选用了藤编材质，台灯是亚麻灯罩和艺术麻绳灯体，通过统一的材质来呼应丛林主题。飞机画心的装饰画，使这个仰视的视角仿佛是丛林里的动物们抬头仰望天空的视角。这里充满着神奇和有趣。

[墙面色彩运用]

[墙面图案选择]

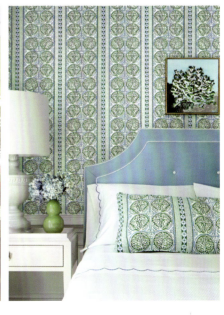

少女情怀

咬一口蜜桃，初恋的味道

[空间色彩与图案解析]

　　初恋的时候，眼里的世界是什么模样？世界是粉色的。天空是粉色的、山川大海是粉色的、房间也是粉色的，房间里还开满了粉色的花……少女情怀总是诗。本方案几乎如上述的初恋一样甜蜜，桃红色的花卉墙纸，甜美绽放，与粉色单椅的用色统一，明黄色和绿色带来轻松的俏皮感，用色非常自然的一组色系，在这里你似乎也能感受到初恋的魔力，清澈活泼，青春洋溢。

[墙面色彩运用]

[墙面图案选择]

彩绘图案不但将空间装饰得童趣
盎然，而且画面的整体效果也与
其他软装饰品十分协调。童房采
用彩绘的方式装饰墙面是一个非
常不错的选择。需要注意彩绘的
图案应以选择阳光的卡通形象为
佳，同时颜料也应选择环保型的。

山丘

山丘上赤脚玩耍，铁道旁开着鲜花

[空间色彩与图案解析]

    自然光线下的山丘，颜色有着深浅不一的层次变化，如同本案中的配色形式。咖啡色系的过渡，从后往前，由浅至深，比例从大到小地表现在中咖色的壁纸、有着传统图样的斗柜和深褐色的台灯灯座上；斗柜上的艺术摆件和装饰画，与大色调统一；一束蓝紫色的薰衣草，刚好落在构图的黄金分割点上，点亮了空间的气质，如同荒芜的山丘上开出一丛花，温暖生动了整个山丘。

[墙面色彩运用]

[墙面图案选择]

柠檬夹心脆

开 启 活 力 满 满 的 早 晨

[空间色彩与图案解析]

　　条纹墙纸具有延展空间的视觉效果，纵深感能让空间显得更加生动时尚。此空间中条纹墙纸主色调是蛋黄色和灰色，另外还有橙色和白色，这组配色活泼清新，能提高人的情绪，带给人活力，且蛋黄色明快柔和，容易让人联想到鸡蛋或冰激凌等食物。窗帘和壁纸统一图案，搭配厨房的白色橱柜，能开启每一天的好心情。

[墙面色彩运用]

[墙面图案选择]

[空间色彩与图案解析]

探索事物的本源

抽象画派

我们能看出这是一个适用于年轻人居住的现代风格卧室，具有白色极简，黑色平衡空间的色彩关系，选用的是黑色调抽象图案的壁纸。抽象画派透过形状和颜色以主观方式来表达情感，创作者在创作的思维过程中，舍弃表象，探索本质。在这样一个极简风卧室里，没有别的干扰，思考和探索是最有助于成长的事情。

[墙面色彩运用]

[墙面图案选择]

墙面条纹图案应用

> 永恒经典的条纹在现代简约风格的设计中经常出现。利用条纹图案，既可以快速实现家居换装，同时还可以改变家居布置的一些缺憾。一般来说，横条纹图案可以扩展空间的横向延伸感，从视觉上增大室内空间；在房屋较矮的情况下就可以选择竖条纹图案，拉伸室内的高度线条，增加空间的高度感，让空间看起来不会显得那么压抑。条纹图案，无论是卧室还是客厅，都很合适。

竖条纹图案改变空间的视觉高度

横向铺贴的地板拉宽了卧室空间

竖向排列的木线条给人以节奏的韵律美

竖条纹图案适合应用在高度不够的空间里

横向条纹的应用让空间显得宽敞许多

棒球小子

我心灵的通信声波和你是同一个波长

[墙面色彩与图案搭配]

一套以咖啡色系为主的带有怀旧感的配色空间，又因为选用了动感时尚的壁纸，以及用了跳跃的蓝色和红色点缀，让人有一种回忆青春的感觉。壁纸上的圆形图案与床上的棒球相呼应，咖啡色坚韧锤炼，与灰色墙纸的颜色有冷暖对比，这是一个适用于大男孩的卧室空间，爱打棒球的少年在成长。

[墙面色彩运用]   [墙面图案选择]

利用动物卡通图案的墙纸，配合以木质为主材的家具，营造出一个轻松舒适又富有童趣的睡眠环境。图案纹样特殊的墙纸本来就十分具有装饰性，单独或者组合起来装饰卧室的墙面都会产生丰富的视觉效果。需要注意的是，图案冲击力特别强的墙纸只建议贴在床头背景墙上，其他墙面则采用普通墙纸辅助为好。

麦琪的玫瑰

阳光午后，有花有茶，香气四溢

[空间色彩与图案解析]

　　降低了彩度的红绿色墙纸，有复古的感觉，色彩趋于柔和。这是一个乡村风格的室内空间，以暖色调为主，砖红色与绿色是乡村风格中的经典搭配，取自对泥土与绿植的灵感。背景墙纸的图案与色彩让空间充盈饱满，且涵盖了空间中的所有色彩，主体色和点缀色都是在这个低彩度的配色关系中相互作用。白色窗纱轻盈，与壁炉上有趣的画都是浅色系，提亮了空间，让空间更生动，适合人们午后坐在窗边闻着花香喝着茶。

[墙面色彩运用]

[墙面图案选择]

米黄色垂直线图案的墙纸不但很好地融合了整个空间的雍容华贵之感，同时由于硬装的中央空调降低了空间层高，使用垂直感的图案可以有效地拉伸视觉高度。当空间中的层高不理想时，可以考虑采用垂直线条排列的方式，从视觉上去拉伸空间高度，但要注意垂直线条的图案需要与墙面的底色拉开差异才能显现出来。

果香满园

绿 草 的 果 实 ， 宛 如 宝 石

[空间色彩与图案解析]

　　壁纸与家具面料选用一样的图案是室内设计中常用的设计搭配方法，本空间中更是高度强调了这样一种搭配方法，墙纸及家具的面料均选用了统一的图案，两种颜色的木作，抱枕的颜色从图案的颜色中提取，壁炉上镜框的色彩从木作的颜色中提取，绿植在其中装饰，空间搭配高度统一。花卉植物是乡村风格中常用的元素图样，本空间中图案上的圆润果实有着植物的成熟之美，宛如颗颗宝石，闪闪发亮。此搭配方法适用于田园风格。

[墙面色彩运用]

[墙面图案选择]

过道空间由于呈狭长状，因此在尽头墙上铺贴了色调和图案都很出挑的墙纸，相对其他墙面形成了一个前进的大色块，拉近了过道较长的感觉。

在过道相对过长或者过短的情况下，可以考虑采用色彩视错觉的设计手法，在过道尽头的墙面上使用前进色或者后退色来迷惑观察者的眼球，从而达到拉长或者缩短过道的感觉。

岁月的风

风　静　月　常　明

[空间色彩与图案解析]

用现代的手法，演绎传统的精神，自由穿行的风，往来于传统和当下，浓妆淡抹总相宜。写意笔墨的屏风运用在空间里作为大面积的背景，与主体家具的灰色色调统一，这是"色"。家具的选型没有传统家具的厚重感，有着现代时尚的轻盈，与背景图案气质统一，桌面绿色碗的图案同样与背景图案呼应，这是"形"。新中式风格的室内设计讲究韵味和只可意会的精神，缔造的是一个让心灵回归安宁的雅致居所。

[墙面色彩运用]

[墙面图案选择]

平衡之美

严谨的摆放，工整的对称

[空间色彩与图案解析]

　　带有仪式感的新中式客厅，引入新中式风格的对称之美，布局沿中轴排开，一气呵成。挑高空间的墙面，运用石材与木饰面结合，石材图案写意对称，白色代表祥瑞、墨色代表禅意、栗色象征着和平雅致，两种材质的结合，以及石材上的写意图案，为空间增添了新中式风格的贵气。降低了饱和度的紫色点缀在沙发上，紫色同样有贵气优雅之意，空间气质统一。传统意境的空间，多让人感受到气场和温暖。

[墙面色彩运用]

[墙面图案选择]

异国梦境

把 梦 境 拉 长, 让 优 雅 绽 放

[空间色彩与图案解析]

　　18世纪, 东西方文化碰撞, 出现了当时非常流行的一种法式装饰艺术风格, Chinoiserie。它是中国文化在欧洲传播的典型代表, 至今依然深受人们的喜爱。用 Chinoiserie 系列壁纸装饰空间, 哪怕不放入家具等其他装饰, 空间就已经有了十分唯美的艺术风韵, 所以, 空间的主角是壁纸, 家具及装饰品的颜色尽量与墙面融合统一, 并要注意选择优雅的款型, 会使其与空间气质更搭配。此卧室的床品选用雅致的灰紫色, 结合 Chinoiserie 系列壁纸, 气质浪漫优雅, 可以在这里做个美丽的梦。

[墙面色彩运用]

[墙面图案选择]

好看的紫甘蓝

喜 日 照 , 喜 凉 爽

[空间色彩与图案解析]

切紫甘蓝时，总是在切开后被里面的色彩惊艳，紫甘蓝的颜色特别好看，接近酒红色，丰润娇艳。室内空间的墙纸选用紫红色系，十分有装饰感，使墙纸上的浅橄榄灰和树叶绿有了自然的细节，作旧的原木洗漱台有泥土的气息，家具腿部的不锈钢材质和银色的镜框又给空间带来精致凉爽的感觉，此空间开放度是比较大的，暖色中有冷色的变化，就像紫甘蓝的长成，一面喜日照，一面喜凉爽。

[墙面色彩运用]

[墙面图案选择]

布艺色彩与图案
搭配方案

室内风格的迥异也使布艺图案和挑选变得十分重要。例如家里的家具多为有繁复线条的西方古典主义，格调高贵，那么布艺的选择就应避免格子布类的乡村风格；如果家里是中式古典的厚重家具，布艺可选择清透的纱幔和柔软的丝缎类。要注意越是强烈的布艺色彩和图案对空间的填充作用越明显，明艳的色彩和图案自身需要缓冲空间。

◎乡村风格布艺色彩与图案　　　　　　　　◎欧式风格布艺色彩与图案

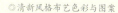

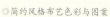

◎清新风格布艺色彩与图案　　　　　　　　◎简约风格布艺色彩与图案

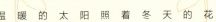

暖冬

温 暖 的 太 阳 照 着 冬 天 的 花

[空间色彩与图案解析]

　　浅灰色调的空间中，一抹橙色的加入仿佛冬天的一缕阳光，能够瞬间给空间带来暖意。床屏面料的选择，俏皮富有生机，花卉延续墙面的灰色调，面积也比较大，床屏因此在空间中没有给人很突兀的感觉。橙白相间的卷叶纹橙色抱枕，色调比橙灰相间的床屏更为明快，再加上更靠前的白色床品，通过调整图案的面积比例和色彩关系的对比，恰当地展现了空间的层次关系。

[布艺色彩运用]　　　　[布艺图案选择]

家具布艺色彩与图案搭配

在进行整体软装设计时，家具布艺一定是重中之重，因为它决定着整体风格和格调。运用布艺装饰家具时，布艺的色彩、花色图案主要遵从室内硬装和墙面色彩，以温馨舒适为主要原则：淡粉、粉绿等雅致的碎花布料比较适合浅色调的家具；墨绿、深蓝等色彩的布料对于深色调的家具是最佳选择。大马士革图案是欧式风格家具布艺的最经典纹饰，采用佩斯利图案和欧式卷草纹进行装饰同样能达到豪华富丽的效果。

繁华图案的乡村风格家具布艺

水墨画图案的中式风格家具布艺

色彩明度较高的布艺沙发成为空间中的点睛之笔

大马士革图案的欧式风格家具布艺

凉夏

夏 天 的 雨 水 飘 落 ， 安 宁 清 澈

[空间色彩与图案解析]

在这个清爽的空间中，从墙面摘取下来的蓝色系继续沿用在窗帘、沙发面料和装饰画上，几何图样用点、线、面的组合方式，给空间带来活力。蓝色饱和度最高的装饰画挂在沙发上方，平衡木地板的重色；窗帘的几何图样和单人沙发上的条纹图样则负责增加空间中的层次。木地板、家具木作和画框的木色系，让空间在高度统一中有着不经意的、非常自然的对比变化。清澈的蓝，水滴凝结成宝石，下雨也宁静。

[布艺色彩运用]

[布艺图案选择]

岛屿特色

取 之 自 然

[空间色彩与图案解析]

　　海边的沙石、茂密的植被，都属于岛屿上天然的原材料，从自然中提取天然的材质和色彩用来打造空间，能给居室空间带来自然淳朴的气质。此空间中，褐色的床和原木色系的床头柜，以及藤编的花器，均表现出自然原生态的气质；床品选用与家具同色系的浅黄色来提亮空间；几何图样和床的藤编图样一致，整个空间的材质、用色和造型都极其统一。

[布艺色彩运用]

[布艺图案选择]

海边的红珊瑚

蔚蓝的海，细软的沙，赤脚海边捡珊瑚

[空间色彩与图案解析]

　　石蓝色清澈、洒脱，与白色搭配有海风拂面的凉爽之感。空间中的布艺色彩，如窗帘、主体家具和抱枕都选用的是石蓝色，与其他布艺颜色相比，石蓝色的运用面积最大，亚麻色系的地毯则有海边沙滩的细腻色彩，珊瑚红点缀在其中，增加了开放度。这样的色彩搭配方案如用于气候较为炎热的地区，能够给人心理上的轻松和愉悦，有缓解暑意的作用。

[布艺色彩运用]

[布艺图案选择]

抱枕布艺色彩与图案搭配

> 在抱枕的使用上，简单来说，经常会采用不同的抱枕相互堆放的方式来营造区域氛围。值得注意的是，不同颜色倾向和图案的抱枕在混用时，要特别注意相互间颜色和图案等因素的搭配。设计上常用主次色调和对比跳跃色调的手法来稳定相互间的色彩关系，同时，在图案和造型上也讲究差异化搭配。

混用抱枕注意相互间颜色与图案的配合

亮色的抱枕通常是黑白灰空间中的点睛一笔

抱枕图案与窗帘形成对比

对称式摆设抱枕是中式家居空间的常见选择

暗香

花 香 浮 动 , 温 暖 心 脾

[空间色彩与图案解析]

此空间的配色方案是全弱色走向，大面积中、低纯度的弱色，看起来依然觉得有内容、不寡淡，其中的奥秘就是运用冷色和暖色的变化来丰富空间的层次。空间中的背景色和主体色均为暖色系，窗帘和床品选用的是同款印花面料，通过窗帘和床品有秩序地运用，月光蓝在这个米色的空间里焕发着皎洁的气息，印花面料仿佛有着清雅的花香。这样的配色非常适合长时间居住，低调柔和，舒适度极高。

[布艺色彩运用]　　[布艺图案选择]

单一的蓝

很 纯 粹 , 很 简 单

[空间色彩与图案解析]

　　单一的跳色带给人直观的刺激和活力，此空间中的用色简洁明快，背景色和主体色为白色和米色，运用饱和度高的蓝紫色瞬间活跃了空间的氛围，但不免给人太过直观和冲击的感受，这样的配色方案适用于卖场或其他展览性质的空间，通常在家中，应避免出现使用直接性的跳色，需要加入比跳色饱和度低的色系，同时加入相邻或对比色系，或者直接降低跳色的饱和度，则更适用于居家环境。

[布艺色彩运用]

[布艺图案选择]

绿色威尼斯

小 镇 风 光 无 限 好

[空间色彩与图案解析]

在荷兰有个美丽的小镇叫作羊角村，羊角村有"绿色威尼斯"之称，因为水面映像着一幢幢绿色小屋的倒影，那里房子的屋顶都是由芦苇编成，冬暖夏凉、防雨耐晒，耐用性强。此空间中的绿色有个文艺的名字是威尼斯绿，威尼斯绿与亚麻色搭配，增强了轻松感，变得休闲化。窗帘和小凳的花卉面料带来自然和复古的气息，用绿色威尼斯小镇来诠释空间的气质，这里也有亲近自然的色彩，生活在此的人能够享受生活的愉悦。

[布艺色彩运用]

[布艺图案选择]

餐桌上的桌旗不但协调了空间中的米黄色主
色调，而且旗面条纹的几何感很好地平衡了空
间中多处的花鸟图案的冲击力，使得整个空间
产生了和谐的感觉。桌旗作为一种软装饰物，
常常被铺在桌子的中线或对角线上，不但可
以很好地保护桌面，而且可以组合桌面上的
其他软装摆件，增加活跃的气氛。

东方，西方

碰 撞 中 的 和 谐 美

[空间色彩与图案解析]

谈到艺术，人们常有"东方写意，西方写实"的观点。东方讲究传神、会意，西方苛求细节、求实。在混搭风格的居室空间中，如何运用设计手法去展示东西方不同的美，是值得研究的课题。在这个全弱色走向的空间中，灰色贯穿其中，有着写意精致的气质，背景墙纸和抱枕上的自然肌理有着东方元素的神韵，家具的造型和脚踏的面料有着西方严谨的细节和写实的图案，东方元素和西方元素在这个空间中各展其能，碰撞出和谐的美感。

[布艺色彩运用]

[布艺图案选择]

地毯布艺色彩与图案搭配

> 单色地毯可搭配同类色的布艺，比如单色无图案的地毯可搭配颜色较花的布艺沙发，从沙发上选择一种面积较大的颜色作为地毯颜色。黑白条纹地毯可搭配与其图案相近的沙发布艺，建议黑色与白色的比例为 4 ： 6。如果沙发颜色比较单一而墙面颜色比较鲜艳，也可选择条纹地毯，并且要按照比例大的同类色作为主色调来搭配颜色。

中式图案地毯搭配

同一色彩呈现不同明度变化图案的地毯搭配

米字旗图案地毯搭配

方形茶几适合搭配方形地毯

中式魅力

冷 暖 色 调 展 现 高 贵 质 感

[空间色彩与图案解析]

　　紫罗兰色色调靓丽、润泽，是此空间中的最吸引眼球的颜色，与米色系的墙纸搭配，给这个新中式空间带来华丽的气质。椅背的中式传统花卉图案也有着华贵的气质。

[布艺色彩运用]

[布艺图案选择]

在卧室硬装背景非常简洁的基础上，设计师全部采用了红色的花卉图案去装饰空间，形成了特别统一的视觉效果。在需要完成一个主题性非常明确的卧室空间环境时，可以将空间中所有的软装饰品，包括家具、墙纸、灯具和窗帘等都围绕一个主题去设置。将这些软装饰品的颜色、造型和图案纹样都控制在一个不大的变化范围内，就能得到非常统一的空间环境。

青春的华尔兹

青 春 洋 溢 ， 神 采 飞 扬

[空间色彩与图案解析]

　　此空间运用了不同饱和度的蓝色进行搭配，注重了空间的色彩层次变化，蓝白相间的窗帘选用的花卉图样柔美灵动，与家具的柔美气质相呼应，而沙发又选用了小比例的几何图样面料，增添了时尚感。这是一个舞动着青春的时尚空间。

[布艺色彩运用]

[布艺图案选择]

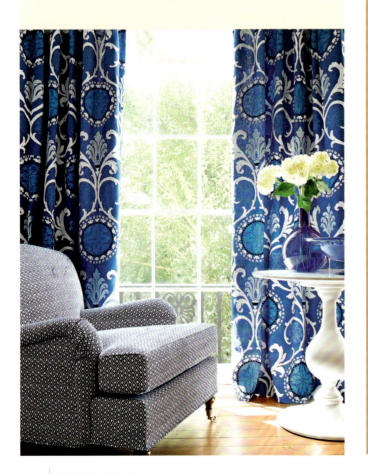

客厅采用了和沙发抱枕相同图案的窗帘，作为软装材质的一个延伸，很好地与主体沙发形成呼应，同时更加丰富了整体性。窗帘的选择经常会让人感觉苦恼，因此可以考虑在空间中找到类似的颜色或图案纹样作为选择方向，这样的话一定能与整个空间形成很好地衔接。

浓情魅影

热 带 风 情 ， 华 丽 展 现

[空间色彩与图案解析]

　　我们把这里理解为一个东南亚风格的布艺展厅，东南亚家居风格因其地域关系，家具都以木质藤编为主，讲究原生态的呈现大自然赋予的材质，而斑斓的用色也是大自然的色彩，用色彩回归自然也是东南亚家居风格的特色。提取色彩将它们化作精巧的靠垫、装饰毛毯、装饰地毯、装饰罐，跟原木色系的家具搭配，极其美丽动人。此空间中的窗帘选用的是轻薄的丝质面料，薄丝随风起舞，轻盈、慵懒、华丽的气质呼之欲出。

[布艺色彩运用]

[布艺图案选择]

窗帘布艺色彩与图案搭配

> 一般来说，小花型图案的窗帘显得文雅安静，能扩大空间感；大花型图案比较醒目活泼，能使空间收缩。所以小房间的窗帘花型图案不宜过大，选择简洁的花型图案为好，以免空间因为窗帘的繁杂而显得更为窄小。大房间可适当选择大的花型图案，若房间偏高大，则选择横向花型效果更佳。

方形茶几适合搭配方形地毯

条纹图案的窗帘与地毯形成呼应

从客厅沙发中提取窗帘色彩

简约风格家居空间适合搭配灰色窗帘

甜心马卡龙

节 制 的 甜 食，可 爱 而 不 腻

[空间色彩与图案解析]

　　想象你在吃一个甜而不腻的马卡龙甜点，可爱的颜色和外脆内柔的口感是不是唤起了你的少女心？本空间的色彩搭配，正是运用了马卡龙的柔美色彩，都提升了明度的红绿搭配，以嫩绿色为主，桃红色为辅，用色比例控制得刚刚好，使空间有了开放度。几何图样的床屏、抱枕和地毯，与花卉图样的沙发，提升了空间的丰富度。这是适合年轻女孩的卧室搭配方案。

[布艺色彩运用]

[布艺图案选择]

古典格调

有稳固感的灰色遇见降低了明度的金色

[空间色彩与图案解析]

　　给人感觉稳固严谨的空间，灰色地毯与浅灰色墙面同色相，沙发和抱枕的淡褐色与边柜和装饰镜的金色同色相，灰色和金色搭配表现的是古典有格调的气质。此空间的色彩搭配呈现出一种考究的、发人深思的历史感，适用于古典风格的书房或会议厅。

[布艺色彩运用]

[布艺图案选择]

花好月圆

拂揽春意笑画眉

[空间色彩与图案解析]

    清朗水灵的石蓝色、娇媚活力的洋红色、悠然自得的嫩绿色,这三种颜色放在一起运用在同一空间,有相邻色,有对比色,非常漂亮。石蓝色的使用面积最大,空间以清爽的色调为主,床屏的花卉图样灵动逼真,和床头柜上的鲜花交相辉映,嫩绿色生机盎然。这是一个让人觉得美好的空间,花朵尽情绽放,春天的气息里有纯洁的微笑。

[布艺色彩运用]

[布艺图案选择]

地面色彩与图案
搭配方案

光洁度高的地面能够有效地给人以提升空间高度的感受，而带有很强立体感的地面图案不止能够活跃空间气氛，体现独特的豪华气质，同时也能够使空间显得更加充实。地面的图案与平面形式和人体尺度之间的关系为完整连续的图案提供空间完整性，但图案的强度和空间尺度关系应具有和谐的比例。

◎黑白色彩的地面图案

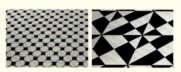

◎跳跃色彩的地面图案

◎富有立体感的地面图案

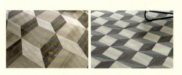

◎利用材质肌理的地面图案

风物摩洛哥

撒哈拉以北，蜿蜒而过的海，微醺的风，沉醉的蓝

[空间色彩与图案解析]

　　在摩洛哥，精致繁复的花纹有着无穷无尽的变体，尤其是摩洛哥蓝，被演绎得让人拍案。有蓝白相间花纹的瓷砖，在空间中的装饰感十分强烈，一扫家里的冷清和沉闷，为其带来亮点和别样景致。与两侧墙面的白色形成鲜明对比，主次分明，轻重适宜。在这样白色纯粹的空间里，摒弃古典和奢华，用属于摩洛哥的图案和色彩，打造清新特别的风情。

[地毯色彩运用]

[地毯图案选择]

地面图案搭配法则

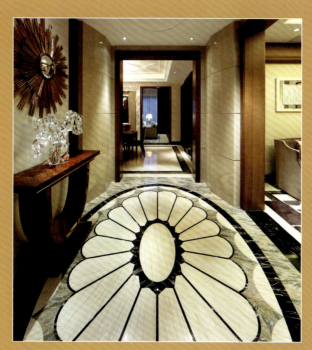

放射形太阳花图案与墙面壁饰造型形成呼应

地面的色彩和图案分割可以明显地改善空间的完整性，提供更为明确的空间逻辑关系。同时地面图案的选择可以极大地丰富空间的视觉效果，但不当的图案选择会让人困扰，甚至容易造成伤害，设计时应特别注重空间中地面出现倾斜或高度发生变化部位的材料和色彩选择，务求清晰、明确，减少发生意外的概率。

黑白图案地面特别适合简约风格的空间

利用马赛克拼花地面划分区域

红绿色图案呼应端景墙色彩

戏剧黑白

张 力 造 就 可 能 性 , 可 能 性 很 美

[空间色彩与图案解析]

　　黑白经典空间，地面几何状的摩登图案与白色墙面的线条和雕花形成对比和反差，空间从下至上，有秩序地充斥着酷炫与温柔的矛盾美。家具的线条则由上至下也兼具着矛盾美的气质，璀璨的金色凸显着空间的奢华意境，整个空间充满着戏剧性和张力之美。

[地毯色彩运用]

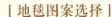

[地毯图案选择]

避免过于立体的地面图案

地面通常需要给予空间足够的稳定性，所以在住宅的室内设计中，总是要非常小心地处理必要的地面图案，避免过于强烈的对比和立体感给使用者带来不便。特别是在面积较小的空间中，地面使用强烈的色彩对比和图案会让空间更加局促和狭小。

家中有老人的卫浴间地面不适合用彩色图案

过于立体的地面图案容易给人造成视错觉

地面图案与墙面色彩形成呼应

黑白几何图案的地面适用于新古典风格的空间

海滩

椰 林 树 影 ， 水 清 沙 白

[空间色彩与图案解析]

　　线是抽象的艺术语言，它是点在移动中留下的轨迹，因而它是由运动产生的，有着律动的活力。此空间中的地面满铺线形条纹的地毯，用色清爽，蓝白相间，有着青春洋溢的气息。家具和配饰同样使用色彩明快的颜色，床边的足球告诉了我们房间小主人的兴趣爱好，留给人想象的空间，仿佛看见一个在海边踢球的小男孩。这是一个适合男孩房间的配色方案，色彩和图形元素皆在表现一种青春的气质。

[地毯色彩运用]

[地毯图案选择]

丁香少女

花 径 里，戏 捉 迷 藏

[空间色彩与图案解析]

　　优雅温柔的配色方案，空间中被紫丁香色覆盖。紫丁香色因为明度偏高、颜色偏淡，用于空间中容易让人感觉不稳定，所以地毯上选用了明度偏低的深紫色，让空间有下沉的感觉，提高了空间的稳定性，同时因为是几何图样，所以也不会太沉闷。褐色的装饰柜和金色的画框属于空间中的重色和点缀色，给予平衡。带着少女气息的紫丁香色因此可以任意在空间中弥漫。这个空间构图很像从前少女的闺房，有一种犹抱琵琶半遮面的神秘感。

[地毯色彩运用]

[地毯图案选择]

黑白光影

流行稍纵即逝，风格永存——Coco Chanel

[空间中的地面色彩与图案]

经历了时代的变迁和潮流的洗礼，黑白色始终屹立于潮流的调色盘中心，成为不被潮流左右的经典配色。从服饰到室内，黑白色都是设计中的重要配色组成，香奈儿女士无疑是成就经典的重要推手。此黑白配色空间中，地面的几何图样带来时尚的气质，家具和灯具的造型柔美，在黑白色的空间中，依然可以感受到优雅的女性气质，墙面装饰画选用香奈儿女士的肖像，是突出主题，向香奈儿女士致敬的表现手法。

[地毯色彩运用]

[地毯图案选择]

一半海水，一半火焰

动 感 融 合 ， 和 而 为 一

[空间色彩与图案解析]

　　此空间的搭配容易让人聚焦于地毯上，使用高刺激度的红色和蓝色相互搭配，即使有白色在其中平衡，依然给人跳跃动感的感受。先不看空间中的跳色，这原本是一个朴素的空间，原木色的木梁、地板、床和门窗，亚麻色的窗帘都是自然闲适派的代表，而红色和蓝色的加入，为空间带来了艺术的张力。如果一段时间的生活太让人乏味，通过调整布艺的色彩，让屋子和心情都能焕然一新，这是一个不错的选择。

[地毯色彩运用]

[地毯图案选择]